王德华 禹娜 主编　　禹娜 编著　　高原 绘

动物们都在忙什么
神秘莫测的水生动物

上海科学技术出版社

目录

儒艮：美人鱼的原型　　　　　　　　　　　　4

巴西红耳龟：远道而来，未必都是客　　　　　8

大鲵："千年老妖"，生存不易　　　　　　　12

鮟鱇：在深海里提着"灯笼"的鱼　　　　　　16

鲫鱼：搭"顺风车"环游海洋的旅行家　　　　20

文昌鱼：因为原始，所以宝贵   24

鹦鹉螺：海洋里的"活化石"   28

希氏弯喉海萤：漂在海面上的"蓝眼泪"   32

水熊虫：地球最强生物   36

桃花水母：生活在淡水中的水母   40

儒艮：
美人鱼的原型

小朋友可能听说过童话故事里的美人鱼。其实，美人鱼在动物世界里确有原型。它的学名叫儒（rú）艮（gèn），是一种海洋草食性哺乳动物。

儒艮喜欢水质良好、水生植物丰沛的海域，时不时会浮出海面换气。雌性儒艮有怀抱幼崽（zǎi）于水面哺乳的习惯，所以儒艮常被误认为"美人鱼"。

收听音频

儒艮与"美人鱼"长得一样吗

　　说起外形,儒艮与童话故事里的美人鱼可是大相径庭。成年儒艮体长 2.4～4.0 米,体重可达 900 多千克,看起来十分笨拙。另外,它们在海洋哺乳动物里算是行动缓慢的类群,视力也欠佳。

　　在大海或水族馆里,它们不是在吃吃吃,就是在睡睡睡。这让我们实在是无法将儒艮与美丽动人的美人鱼联系起来。

儒艮与海牛是亲戚吗

儒艮属于哺乳纲海牛目儒艮科，是世界上最古老的海洋动物之一。在进化上，儒艮与同属海牛目的海牛拥有共同的祖先，因此从亲缘关系上看，儒艮与海牛算是"表兄弟"。

由于儒艮与自己的"表兄弟"（海牛）外形十分相似，以至于我们常常分不清它们，有时会误将它们统称为"海牛"。

儒艮为什么数量稀少

海洋中用来捕捞的拖网会危及儒艮的生存,再加上航运污染、沿海旅游开发等对近海生态系统的破坏,如今儒艮的种群数量已十分稀少。尽管我国已将儒艮列为国家一级保护动物,并设立了专门的儒艮自然保护区,但儒艮的生存现状仍然岌(jí)岌可危。

如果儒艮的生存环境得不到有效改善,也许它们就像美人鱼一样,将来只会出现在童话故事里了。

你问我答

艾克:"如何区分儒艮和海牛?"

赛思叔叔:"儒艮的尾鳍是叉形尾鳍,接近海豚和鲸的尾鳍;而海牛的尾鳍是圆尾鳍。"

巴西红耳龟：
远道而来，未必都是客

　　巴西红耳龟也叫"巴西龟""红耳龟"等，它们的两只眼睛后方各有一个长条状红色斑块，所以很容易被认出来。

　　它们的名字里虽有"巴西"二字，但并非来自巴西，而是原产于美国密西西比河沿岸及中美洲等地。如今，不少家庭已将巴西红耳龟当作宠物来养。

巴西红耳龟是如何来我国的

巴西红耳龟是作为食材和药材的来源,在20世纪80年代被"请入"我国的。

一开始,巴西红耳龟数量少,价格很贵;后来,随着繁殖量的增加,价格也陡降;再后来,因为它们好养活,深得养殖爱好者的喜爱,所以逐渐进入宠物市场。

在这一波三折的经历中,个别巴西红耳龟"不小心"从养殖环境进入自然环境,逐渐暴露出了"来者不善"的真面目。

巴西红耳龟为什么被称为"生态杀手"

实际上,巴西红耳龟是世界公认的"生态杀手"。

首先,巴西红耳龟的适应力极强。尽管远道而来,但它们并不把自己当客人,想吃就吃,想喝就喝,食物不够时直接从本土龟和鳖(biē)那儿抢夺。

其次,巴西红耳龟的繁殖力也极强。本土龟、鳖一般8岁后才能繁殖后代,巴西红耳龟3岁左右就可以了。而且,它们每年最多能产6次卵,每次产卵3~19枚,且孵化成功率非常高。

巴西红耳龟如何"反客为主"

在巴西红耳龟的强大攻势下,那些长期过着安逸生活、缺乏战斗力的本土龟和鳖,只能眼睁睁地看着自己的地盘和食物被一步步侵占。

最终,巴西红耳龟"反客为主",逐渐成为被引入地或入侵地生态系统中的优势龟,对当地生态系统造成难以估量的破坏。

因此,巴西红耳龟早已被国际自然保护联盟列为全球 100 种最具破坏力的入侵物种之一。

你问我答

艾克:"巴西红耳龟的壳是不是非常坚硬?"

赛思叔叔:"在龟类中并不算坚硬,普通的食肉动物(如狗)都可以咬开它们的壳。"

大鲵:"千年老妖",生存不易

大鲵(ní)俗称"娃娃鱼",但它们不是鱼,而是一种体形庞大的两栖动物。两栖类是脊椎(zhuī)动物从水生到陆生的一个过渡类群。

大鲵的体长可达2米,体重可达50千克,与青蛙、蝾螈这些同属两栖类的"表亲"相比,它们的个头可以说是鹤立鸡群了。

收听音频

大鲵的皮肤会呼吸吗

对两栖动物来说,体形大并不是什么好事。两栖类的成体已进化出了适应陆地生活的肺,但肺部发育不完善,需要皮肤帮忙进行气体交换,辅助呼吸。

对于体形庞大的大鲵来说,肺和皮肤同时"工作"才勉强满足它们对氧气的需求,再加上两栖类的心脏也没有进化得足够完善,所以大鲵的新陈代谢十分缓慢。在寒冷的冬季,它们甚至要靠浅度的冬眠才能安然过冬。

大鲵有哪些生存策略

不过，我们不必过度担心大鲵，毕竟它们已经在地球上生存了1.6亿多年，早就进化出了一套适合自己的生存策略。

缓慢的新陈代谢使大鲵练就了一番耐饥饿的本领。它们在食物缺乏的条件下可以做到2~3年不进食，从而让自己能在水体清冷、食物匮（kuì）乏的环境中生存下来。

缓慢的新陈代谢还让大鲵拥有了超长寿命。它们的平均寿命可达80岁，最长寿的大鲵已超过135岁了，因此大鲵在动物界中有着"千年老妖"的称谓。

你问我答

艾克:"大鲵喜欢吃什么?"

睿思叔叔:"大鲵喜欢捕食溪蟹。"

养殖大鲵可以被放归野外吗

大鲵生活在山间溪流或天然溶洞这种独特的环境中,又极其依赖水环境,不可能长距离迁移,所以野生大鲵的栖息地很分散,这也阻碍了大鲵之间的基因交流。

我国的大鲵外形十分相像,早期也一直被当作是同一个物种。但是最近科学家通过基因研究发现,分布于我国的大鲵可能分属多个物种。因此,我们不能贸然把养殖的大鲵放归到其他大鲵物种的栖息环境中。

鮟鱇：在深海里提着"灯笼"的鱼

　　海洋占据了地球表面积的70%，广袤（mào）的海洋里自然少不了千奇百怪的鱼类。其中，有一类鱼因长相丑陋而闻名，它们就是鮟（ān）鱇（kāng）。

　　鮟鱇种类繁多，分布广泛，四大洋里均是它们的活动场所。仅我国海域就有3种鮟鱇，分别是黄鮟鱇、黑鮟鱇，以及仅见于南海的隐棘（jí）拟鮟鱇。

收听音频

为什么说鮟鱇丑

说鮟鱇丑,是因为它们在形态上与常见的鱼类很是不同。

它们没有鳞,表皮裸露,而且又湿又滑,软塌塌的;它们不善于游泳,而是依靠一对胸鳍在海底缓慢移动,就像人类用脚走路一样;它们头背上方向前伸出一个钓竿似的突起,其末端膨大,形状像个小灯笼,而且真的像灯笼一样会发光呢!

鮟鱇能适应贫瘠的深海环境吗

　　鮟鱇是定居深海的鱼类之一。深海水域是食物资源贫瘠的地带，鱼类想要在这儿找到充足的食物顿顿吃饱实属不易，因此出现在深海的鱼类大多数都是"过路"鱼，定居下来的鱼类少之又少。

　　鮟鱇作为肉食性鱼类，不仅适应了深海的生存环境，而且还成了捕食高手。它们靠的是什么呢？

"小灯笼"有什么大作用

大家不要小看这个"小灯笼",它可是鮟鱇适应深海黑暗环境的生存利器。由于绝大多数动物都具有趋光性,鮟鱇的"小灯笼"发出的光对其他动物来说是个不小的诱惑。

当个头较小的动物靠近"小灯笼"时,鮟鱇就可以坐享其成,把送到嘴边的食物吃掉。因此,鮟鱇的"小灯笼"被科学家形象地称为"拟饵"。

偶尔遇到比自己个头大的天敌时,鮟鱇也不会坐以待毙(bì),它们会迅速把"小灯笼"含在嘴里,在黑暗中悄无声息地溜走。

你问我答

艾克:"鮟鱇的'小灯笼'为什么会发光?"

赛思叔叔:"'小灯笼'里具有可分泌萤光素的腺体细胞,所以能在漆黑的海底发出幽幽的光。"

鲫鱼：
搭"顺风车"环游海洋的旅行家

懒（lǎn）得动，还想周游世界……你可能会说这是懒人做白日梦，空想而已。

海洋中有一种鱼，它们很懒，不愿意自己游泳，而是通过吸附在鲨鱼、海龟、鲸等大型海洋动物身上或者远洋海轮上，实现自己周游大海的目的。它们就是俗称"懒汉鱼"的䲟（yìn）鱼。

大多数䲟鱼的体长为22~45厘米，最大体长约达100厘米。

䲟鱼为什么能搭"顺风车"

䲟鱼之所以能吸附在其他海洋动物身上，靠的是位于头背部的一个吸盘。䲟鱼的吸盘呈扁平状，宛如印章，这也是它们得名'䲟鱼'的原因。吸盘上分布有1根纵褶（zhě）和20多个横褶。

当䲟鱼吸附到宿主身上时，所有的褶抬起，可将褶内的水分彻底挤压出去，形成真空；而吸盘的外围有一圈皮膜，相当于一个密封圈。

借助这个独特的吸盘，䲟鱼可以牢牢吸附在大型海洋动物身上，搭着"顺风车"，在海洋中来一场"说走就走"的旅行！

鲫鱼的旅途过程安全吗

　　鲫鱼通常是吸附在鲨鱼等比较凶猛的大型海洋动物身上,所以它们的天敌往往不敢贸然靠近,这就保证了鲫鱼的安全。

　　至于食物,鲫鱼完全可以享用宿主(如鲨鱼)捕食时掉落的食物残渣,毫不费力就能填饱肚子。不过,鲫鱼与鲨鱼之间的这种关系,只对鲫鱼有利。

你问我答

艾克:"䲟鱼的吸盘是怎么形成的?"

喜思叔叔:"䲟鱼的吸盘是由它们的第一背鳍突变并演化而成的。"

䲟鱼会更换"顺风车"吗

当䲟鱼跟着宿主来到一片自己喜欢的海域时,它们会主动脱离宿主,并在那片海域待一阵子。待够了以后,䲟鱼又会搭上新的"顺风车",开启一场新旅程。

䲟鱼在热带、亚热带和温带海洋都有分布,我国的沿海水域也时有发现。由于䲟鱼吸盘具有超强的吸附能力,一些科学家受到启发,模仿䲟鱼的吸盘结构设计出了一种强力吸盘。

文昌鱼：
因为原始，所以宝贵

收听音频

在我国厦门、青岛的近海，以及马来西亚、日本、美国等地的近海和地中海，栖息着一种珍稀的动物——文昌鱼。文昌鱼并不是鱼类，而是一种介于无脊（jǐ）椎动物与脊椎动物之间的、比鱼类更原始的动物。

脊椎动物在发育早期都会经历一个将脊索转变为脊椎的过程，因此科学家认为，脊椎动物的祖先应该是终身具有脊索的动物。

文昌鱼的脊索有什么作用

文昌鱼就有一条纵贯全身的脊索，且这条脊索终身存在于它们体内，没有演变为脊椎。文昌鱼通体半透明，所以我们透过其皮肤就能清晰地看到那条脊索。

文昌鱼的脊索呈长长的圆柱状，由充满液泡的细胞组成，坚韧且富有弹性。脊索在文昌鱼体内的位置也与鱼类脊椎相当，就像是一个中轴支架，起到支撑身体的作用。

文昌鱼为什么弥足珍贵

文昌鱼体形很小,栖息于我国厦门的文昌鱼体长仅4~5厘米,最大的文昌鱼(美国加州文昌鱼)体长也不过10厘米。

文昌鱼的身体前后两端尖尖的,左右扁扁的,有背鳍、臀鳍和尾鳍,却没有鱼类拥有的胸鳍和腹鳍。

文昌鱼的种类不多,繁殖量也不大,所以弥足珍贵。目前,我国已将文昌鱼列为国家二级保护动物,厦门、青岛也建立了专门的自然保护区。

你问我答

艾克:"文昌鱼最早是什么时候被人类发现的?"

塞思叔叔:"1774年,科学家就发现了文昌鱼,用它们来研究脊椎动物的起源与进化。"

文昌鱼如何摄食

小小的文昌鱼喜欢栖息在水流较缓、风浪较小、底质为疏松沙砾(lì)的近岸带海域。它们会把身体的后半段没入海底沙砾中,前半段露在外边,随海水摇摇摆摆。

它们通过嘴巴周围的触手滤食海水中的小型浮游生物(如硅藻),相比于鱼类主动追着食物游,文昌鱼这种"守株待兔"式的被动摄食方式也体现了它们在进化上的原始性。

鹦鹉螺：
海洋里的"活化石"

鹦鹉螺是生活在海洋里的一种软体动物，它们已经在地球上生活了5亿多年。

在漫长的历史进程中，无论地球环境如何变化，今天的鹦鹉螺仍保留了与它们祖先差不多的外形、习性等特征，俨（yǎn）然是被时间遗忘的"活化石"。

鹦鹉螺的壳内是什么结构

鹦鹉螺的外壳以螺旋状盘卷，看起来很像鹦鹉的嘴——"鹦鹉螺"的名字就是这么来的。

鹦鹉螺的壳内构造十分精巧。如果沿中线纵向剖开，你会发现螺旋状的壳内被分隔成了30多个独立的小室。这些小室自中间脐（qí）部由小到大、按顺时针旋展开来，一眼看去，就仿佛站在旋转楼梯的最顶端向下俯瞰（kàn），视觉效果十分震撼（hàn）。

鹦鹉螺与章鱼是亲戚吗

光看外形,我们无法想象鹦鹉螺竟然与章鱼、乌贼等软体动物是"表亲",但如果看看它们位于壳内的软体部分,就会发现这几位亲戚确实长得很像。

鹦鹉螺的头部和足部都很发达,足环生于头部的前方,口的周围和头的前缘两侧生有许多触手。捕食时,鹦鹉螺的触手向四周伸开,将猎物包裹起来,然后吞到肚子里;不捕食时,它们会留1~2个触手在壳外;而遇到危险时,鹦鹉螺会将包括全部触手在内的整个软体部分缩到壳里,且封闭壳口。

鹦鹉螺如何"行走"

鹦鹉螺的触手下方有一个囊（náng）状结构，它们通过排出囊内的水，推动身体向后退行。

这种"倒着走"的运动姿势给鹦鹉螺带来了许多不便。因为它们只能看到前方，却看不到身后，所以鹦鹉螺撞上礁（jiāo）石甚至天敌都是常有的事。

你问我答

艾克："鹦鹉螺主要分布在哪里？"

赛思叔叔："如今，鹦鹉螺在全球仅存6种，只分布在印度洋和西南太平洋的深海水域。"

希氏弯喉海萤：漂在海面上的"蓝眼泪"

每年六七月份，许多游客会来到我国福建平潭的海边，期望邂(xiè)逅(hòu)一场如梦如幻的"蓝眼泪"奇观。在条件适宜的夜晚，沿着海岸线会出现一层层星星点点的蓝色光芒，仿佛蓝色的眼泪。

这些"蓝眼泪"是由一种名叫希氏弯喉海萤的小型浮游动物大量聚集后制造出的景观。很多海洋生物都能发光，海萤就是其中一类。

收听音频

海萤是虾米吗

海萤就是海中萤火虫的意思,它们是海萤科海萤属动物的统称。作为一类小型浮游动物,海萤体外包裹着类似河蚌一样的双壳,壳内的软体部分就像一只蜷(quán)缩起来的小虾米。

其实,海萤的祖先与虾米的祖先拥有共同的更早期的祖先。只不过,虾米身体前端有一个包裹内脏的头胸甲,而相应的结构在海萤身上演变成了双壳,而且这对壳把海萤的整个身体都包裹起来了。

海萤为什么会发光

希氏弯喉海萤是昼伏夜出的夜行性生物。它们体内长有腺(xiàn)体,这些腺体受到刺激后会分泌萤光素和萤光素酶,二者发生化学反应释放能量,从而发出微弱的蓝光。

尽管一只希氏弯喉海萤发出的光很微弱,但当它们大量聚集,被海浪卷起拍打在石头或沙滩上后,就会随着潮涨潮落呈现出一幅流动的光影,宛若群星坠落大海,蔚为壮观。

在哪儿可以看到"蓝眼泪"

希氏弯喉海萤喜欢栖息在温暖的海水中,它们实在是弱小至极,于是在潮水的推动下,往往会大量聚集在海浪较为平缓的海岸和海湾。

近年来,"蓝眼泪"奇观频繁地出现在我国福建平潭的海岸线上,除了气候原因外,与我国近海生态系统的改善也是分不开的。

你问我答

艾克:"希氏弯喉海萤会一直发光吗?"

睿思叔叔:"每年春夏,随着海水温度上升和外界刺激,它们才会发光,十分奇特。"

水熊虫：
地球最强生物

　　有一类体形小到只有借助显微镜才能看清楚的水生动物，却让科学家深深着迷，它们就是被称为"地球最强生物"的水熊虫。

　　水熊虫是缓步动物的俗称。缓步动物在全球有900多种，它们遍布北极、赤道、高山、深海、温泉等环境，人们几乎在地球的任何地方都能发现它们。

水熊虫为什么能在恶劣环境中生存

水熊虫体形短粗,爬行或游动时,小短腿前后摆动,像小熊一样憨(hān)态可掬(jū),十分可爱。科学家之所以对水熊虫感兴趣,是因为它们拥有令人类羡慕不已的超强生存能力。

研究发现,在身处极端恶劣环境时,水熊虫可以排出体内几乎所有的水分,进入深度假死状态,此时它们的代谢速度仅为正常时的0.01%;当环境条件恢复到适宜状态后,它们又会"复活"。科学家把这种让自己进入深度假死状态的生存策略叫作"隐生"。

水熊虫的隐生能力有多强大

其实,地球上许多动物都具有一定的隐生能力,如轮虫、线虫等。不过,这些动物的隐生能力大多只适应于某一种特定的极端条件,要么是低温,要么是缺水,要么是缺氧,诸如此类。

而水熊虫强大的隐生能力使它们能在极端高温、极端低温、极端缺水,甚至真空环境中也能生存!

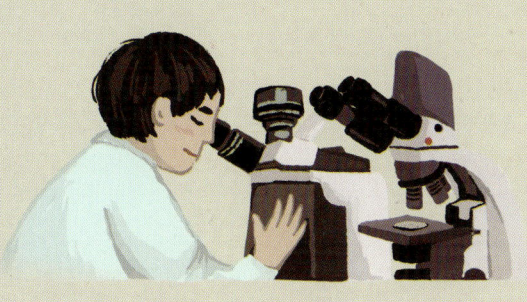
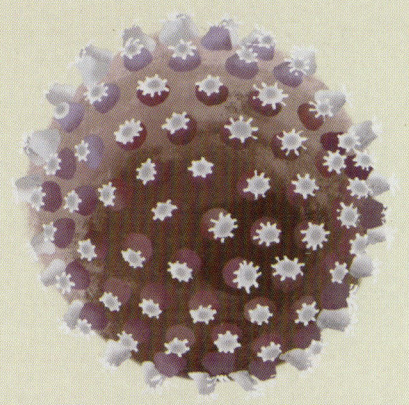

水熊虫为什么拥有"超能力"

如今,科学家已从分子生物学层面对水熊虫进行了研究,结果发现:水熊虫的基因组内竟然有约 6 000 个基因来自其他生物,外来基因占到了基因总数的 17.5%,其中许多基因来自一些耐高压、耐高温的细菌。

尽管极端环境可能会损伤水熊虫的DNA(DNA中含有遗传基因),但它们很擅(shàn)长修复受损的DNA。

你问我答

艾克:"水熊虫是什么颜色的?"

赛思叔叔:"水熊虫的身体基本是透明的,但是科学家会对它们进行染色处理,以便在显微镜下观察。"

桃花水母：
生活在淡水中的水母

如果你在水族馆里见过水母，一定会惊叹于它们优美的身姿。水母漂浮时犹如一顶顶透明的圆伞悬（xuán）在水中，游动时触手张合摆动，好像在水里翩翩起舞，每时每刻都漂亮极了。

水母的身体结构十分简单，它们没有进化出器官和系统，只有由两层细胞围绕形成的一个消化循环腔（qiāng），腔的一端留有一个开口。水母无论进食还是排泄都通过这一个口，因此它们是一种低等的无脊椎浮游生物。

桃花水母为什么被称为"水中大熊猫"

通常,我们看到的水母都是海洋物种,但是,有一类水母是生活在淡水中的,它们就是桃花水母。

桃花水母种类不多,迄今为止全球才报道了11种,是世界上最珍稀的水生生物之一,有"水中大熊猫"之称。

除了分布于全球的索氏桃花水母和分布于日本的伊势桃花水母,其他9种桃花水母都生活在中国。

桃花水母为什么能"鉴别"水质

桃花水母有两种存在方式:一种是水螅型,即像小海葵一样贴在水底;另一种是水母型,如像小伞一样漂在水里。由于桃花水母对水环境的要求十分严格,若水质不够好,它们会以水螅型吸附于水下或岩石缝中,很难被我们发现。

我们通常发现的桃花水母都是水母型,一旦发现了水母型的桃花水母,就说明当地的水质很好。所以说,桃花水母是鉴(jiàn)别水质好坏的指标生物。

你见过"桃花鱼儿"吗

桃花水母在每年桃花盛开时节出现,此时正值它们生殖腺(xiàn)成熟的时期,一般来说,生殖腺的颜色因种而异。

有一种桃花水母叫宜昌桃花水母,它们的生殖腺在透明的伞盖下呈淡淡的粉红色,所以它们在水中浮沉漂荡的样子犹如落水桃花。因此,当地人称它们为"桃花鱼儿"。

你问我答

艾克:"人类活动导致水体污染,这会让它们濒临灭绝吗?"

赛思叔叔:"当然。桃花水母是世界级濒危物种,我国的9种桃花水母均已被列入国家红色物种名录。"

图书在版编目（CIP）数据

动物们都在忙什么. 神秘莫测的水生动物 / 王德华,禹娜主编 ; 禹娜编著. -- 上海 : 上海科学技术出版社, 2025. 1. -- （"赛思叔叔的十万个为什么"丛书）. ISBN 978-7-5478-6870-6

Ⅰ. Q95-49

中国国家版本馆CIP数据核字第202430GT24号

动物们都在忙什么——神秘莫测的水生动物

王德华　禹娜　主编
禹娜　编著
高原　绘

上海世纪出版(集团)有限公司 出版、发行
上　海　科　学　技　术　出　版　社
（上海市闵行区号景路 159 弄 A 座 9F-10F）
邮政编码 201101　　www.sstp.cn
上海光扬印务有限公司印刷
开本 889×1194　1/16　印张 2.75
字数：20 千字
2025 年 1 月第 1 版　2025 年 1 月第 1 次印刷
ISBN 978-7-5478-6870-6/N·284
定价：48.00 元

本书如有缺页、错装或坏损等严重质量问题，请向工厂联系调换